BEI GRIN MACHT SICH IHR WISSEN BEZAHLT

- Wir veröffentlichen Ihre Hausarbeit,
  Bachelor- und Masterarbeit

- Ihr eigenes eBook und Buch -
  weltweit in allen wichtigen Shops

- Verdienen Sie an jedem Verkauf

Jetzt bei www.GRIN.com hochladen und kostenlos publizieren

Marvin Kirschner

Chancen und Gefahren der Globalisierung

Chancen und Gefahren der Globalisierung in unterentwickelten Ländern am Beispiel Ecuador

GRIN Verlag

Bibliografische Information der Deutschen Nationalbibliothek:

Die Deutsche Bibliothek verzeichnet diese Publikation in der Deutschen National-bibliografie; detaillierte bibliografische Daten sind im Internet über http://dnb.d-nb.de/ abrufbar.

Impressum:

Copyright © 2011 GRIN Verlag GmbH
Druck und Bindung: Books on Demand GmbH, Norderstedt Germany
ISBN: 978-3-656-11040-8

Dieses Buch bei GRIN:

http://www.grin.com/de/e-book/187552/chancen-und-gefahren-der-globalisierung

GRIN - Your knowledge has value

Der GRIN Verlag publiziert seit 1998 wissenschaftliche Arbeiten von Studenten, Hochschullehrern und anderen Akademikern als eBook und gedrucktes Buch. Die Verlagswebsite www.grin.com ist die ideale Plattform zur Veröffentlichung von Hausarbeiten, Abschlussarbeiten, wissenschaftlichen Aufsätzen, Dissertationen und Fachbüchern.

Besuchen Sie uns im Internet:

http://www.grin.com/

http://www.facebook.com/grincom

http://www.twitter.com/grin_com

Chancen und Gefahren der Globalisierung in unterentwickelten Ländern am Beispiel Ecuador

Facharbeit im
Grundkurs Sozialwissenschaften

Kopernikus-Gymnasium
Ratingen-Lintorf

vorgelegt von
Marvin Paul Kirschner
Jahrgangsstufe 12.II

Ratingen, 3.3.2011

1. Einleitung

„Wie klein die Welt doch ist!" Sätze wie diesen hört man immer wieder. Allerdings schrumpft die Welt nicht, sondern größere Entfernungen können in kürzerer Zeit überwunden werden. Außerdem rücken Kulturen, Gesellschaften und Staaten immer enger zusammen. Dies ist eine Folge der Globalisierung, die seit etwa 1980 die Weltwirtschaft bestimmt. Neben der Ökonomie werden auch die meisten Menschen direkt von dieser Veränderung beeinflusst. Die unterschiedlichen Kulturen ändern sich durch verschiedene Einwirkungen aus der ganzen Welt und nähern sich so einander weiter an. Zum Beispiel ist die Pizza mittlerweile nicht nur in Italien und Europa beliebt, sondern inzwischen gibt es weltweit italienische Restaurants. Genauso kann in fast der ganzen Welt ein deutsches Bier getrunken werden. Zum Essen bestellt man dann eine amerikanische Cola oder einen spanischen Wein.

Byung-Chul Han beschreibt dies als Hyperkulturalität:

> „Die Kultur platzt gleichsam aus allen Nähten, ja aus allen Begrenzungen oder Fugen. Sie wird ent-grenzt, ent-schränkt, ent-näht zu einer Hyper-Kultur. Nicht Grenzen, sondern Links und Vernetzungen organisieren den Hyperraum der Kultur" (Byung-Chul Han, Hyperkulturalität 2005, S. 16f.)

Dies scheint auf den ersten Blick ein weiterer Schritt hin zu einer besseren Welt zu sein. Trotzdem birgt die Globalisierung Schattenseiten. Denn trinken wir auch eine Cola aus Afrika oder einen Wein aus Chile? Dr. Vandana Shiva, Trägerin des Alternativen Nobelpreises[1], sagte in einem Interview[2], dass wir heute Zeugen einer neuen Kolonialisierung durch die Globalisierung sind. Führt die Globalisierung zu neuen wirtschaftlichen und politischen Abhängigkeiten und zu einer Behinderung der eigenständigen Entwicklung der unterentwickelten Länder?

In dieser Facharbeit möchte ich sowohl auf die Gefahren und Probleme als auch auf die Chancen der Globalisierung in Bezug auf die unterentwickelten Länder eingehen. Am Ende werde ich auf die Aspekte, die sich neu erschlossen haben, in einem expliziten Beispiel eingehen.

---

[1] 1993 erhielt Dr. Vandana Shiva für ihren Einsatz gegen die Globalisierung den „Right Livelihood Award" (Preis für die richtige Lebensweise, „Alternativer Nobelpreis").

[2] (Alles Globale hat lokale Wurzeln, Dr. Geseko von Lüpke, Dr. Vandana Shiva, 2004, http://www.humonde.de/artikel/10002)

2. Globalisierung

2.1 Was ist Globalisierung?

„Die Globalisierung ist der Vorgang der zunehmenden weltweiten Verflechtung in allen Bereichen (Wirtschaft, Politik, Kultur, Umwelt, Kommunikation etc.). Diese Verdichtung der globalen Beziehungen geschieht auf der Ebene von Individuen, Gesellschaften, Institutionen und Staaten." (www.wikipedia.org)

Wie schon aus der Definition von Wikipedia hervorgeht, ist Globalisierung ein Oberbegriff, der viele verschiedene Abläufe zusammenfasst. Dazu kommt, dass es viele verschiedene Definitionen gibt, die sich je nach Ansicht und Absicht aus unterschiedlichen Positionen mit der Sache beschäftigen. Allerdings stehen die meisten Organisationen, die sich mit dem Thema beschäftigen, der Globalisierung kritisch gegenüber (wie z.b. Attac). Genauso wenig kann über den Beginn der Globalisierung eine klare Aussage getroffen werden. So wird zum einen die Zeit nach dem zweiten Weltkrieg als Ausgangspunkt angegeben und zum anderen die 80er Jahre. Außerdem wird die Globalisierung auch als Nachfolger der Kolonisationszeit bezeichnet oder auch als schleichender Prozess, der so alt ist wie die Menschheit selber. Der Begriff an sich soll laut verschiedenen Internetquellen im Jahr 1961 zum ersten Mal in einem englischen Wörterbuch aufgetaucht sein. Geprägt wurde er allerdings 1983 durch Theodore Levitt, der in seinem Artikel „The Globalization of Markets" in dem „Harvard Business Review" den Begriff verwendete. Das wohl bedeutsamste Unterthema, die „zunehmende Verflechtung von Warenströmen, Kommunikation und Dienstleitungen rund um den Globus" (bpb – Entwicklung und Entwicklungspolitik 2005, S. 5) resultiert aus verschiedenen Faktoren. So wurde die Globalisierung erst durch technologische Innovationen möglich gemacht. Dazu gehören sowohl Telefon und Computer, die einen schnellen länderübergreifenden Austausch erst realisierbar machten, als auch Fernsehen und Radio, die auch die Vermarktung von ausländischen Produkten vereinfachten. Außerdem helfen größere Flugzeuge und Containerschiffe den immer weiter steigenden Handelsverkehr zu bewältigen. Neben den technischen Voraussetzungen zählen auch politische Entscheidungen zu den Bedingungen. Der Protektionismus, der lange Zeit die Binnenmärkte beschützt hat, wurde mehr und mehr fallen gelassen. Auch die Bildung von Zoll-Gemeinschaften, die den Import und Export von Waren stark vereinfachten und rentabel machten, hat zur Globalisierung beigetragen. (siehe

8.2 Grafiken) Mittlerweile ist sie für viele international agierende Unternehmen nicht mehr weg zu denken. So lieferte der Volkswagen Konzern im 3. Quartal 2010 1.556.000 Fahrzeuge im Ausland aus, allerdings nur 240.000 im Inland (Zwischenbericht Januar – September '10, 2010, S.2). Diese Zahlen werden in der Zukunft wahrscheinlich weiter differieren.

2.2 Bedeutung für unterentwickelte Länder

Ich möchte hier noch nicht auf die Frage eingehen, welche Folgen die Globalisierung für die Entwicklungsländer beinhaltet. Stattdessen werde ich hier den Bezug zwischen unterentwickelten Ländern und der Globalisierung herstellen. Bedeutet sie dasselbe für die Industrieländer wie für die rückständigen Länder? Kann man hier die Globalisierung an den gleichen Faktoren veranschaulichen oder gibt es hier andere Umstände, die zu beachten sind? Der Umweltschutz, der infolge der Globalisierung vielerorts an Bedeutung gewann, ist in vielen Entwicklungsländern eher von geringerer Bedeutung, da in jenen Ländern jeder „Pfennig" gebraucht wird und so z.b. die Abholzung des Regenwaldes zur Ausbeutung der Ölvorkommen auf der Tagesordnung steht. Auch kulturelle und wirtschaftliche Aspekte sind in Entwicklungsländern nicht so wichtig. Zwar wird in über 200 Ländern[3] Coca-Cola getrunken, aber trotzdem sind es meist lokale Produkte, die mittags auf dem Tisch stehen. In politischer Hinsicht ist immer noch die nationale Politik sehr viel bedeutender als die internationale. Allerdings ist der verstärkte Tourismus in vielen Ländern ein sehr wichtiger Aspekt der Globalisierung, da er schnell viel Geld ins Land bringt. Am Ende muss man sagen, dass die Globalisierung zwar fast überall Einzug gehalten hat, aber es doch Unterschiede in der Wichtigkeit der einzelnen Faktoren gibt. Zusätzlich müsste jedes Land nach regionalen oder nationalen Differenzen zu anderen Ländern untersucht werden. So gelten zum Beispiel für Länder wie Nordkorea und Kuba, die sich gegen die Globalisierung wehren, wiederum andere Aspekte. Diese beziehen sich nur auf die politische Ebene, da nur die Politik mit der Globalisierung konfrontiert wird. Zusammenfassend kann aber von einer „globalen" Globalisierung gesprochen werden.

---

[3] (http://www.coca-cola-gmbh.de/kontakt/faq.do?forward=historie, 2010, Wird COCA-COLA auf der ganzen Welt getrunken?)

3. Entwicklungsländer

3.1 Allgemeine Informationen

Mittlerweile gibt es drei wesentliche Definitionen für Entwicklungsländer. Diese werden von der Weltbank (World Bank) und dem Entwicklungsprogramm der Vereinten Nationen (UNDP[4]) und dem Entwicklungshilfe-Ausschuss der OECD[5] herausgegeben. Alle benutzen unterschiedliche Merkmale zur Berechnung der Entwicklungsländer. Diese werden zusätzlich nochmals unterteilt.

Die Weltbank benutzt ausschließlich das Bruttonationaleinkommen pro Kopf für die Klassifizierung. Dies ist zwar eine leicht verständliche und prägnante Regelung, aber soziale Aspekte werden hier nicht berücksichtigt. Der HDI[6], der seit 1990 jährlich vom UNDP[4] im „Human Development Report" publiziert wird, soll die Gruppierung durch weitere Indikatoren verbessern. Neben dem Pro-Kopf-Einkommen gehört die Lebenserwartung und ein Bildungsindex, bestehend aus „der Anzahl an Schuljahren, die ein 25-jähriger absolviert hat und der Dauer der Ausbildung eines 50-jährigen während seines Lebens."[7], zu diesen Indikatoren. Allerdings ist der HDI[6] nicht unumstritten, da er eine genaue Rangliste beinhaltet, und sich so viele über ihre Platzierung vor oder hinter einem anderen Land beschweren. Seit Mitte der 90er Jahre wird der HDI auf Antrag von Indien nicht mehr in offiziellen UN-Dokumenten verwendet.

Neben der Gruppe der Entwicklungsländer gibt es weitere Untergruppen. So gibt es die Gruppe der am wenigsten entwickelten Länder (Least Developed Countries → LDC) und die Gruppe der hoch verschuldeten Länder. Beide spielen bei der Entwicklungspolitik eine wichtige Rolle, da ihnen eine zusätzliche Beachtung geschenkt werden muss. Zu den LDC gehören momentan laut den Vereinten Nationen 48 Länder (hauptsächlich aus Afrika: 33 Länder). Die LDCs unterliegen mehreren Kriterien, die neben dem Einkommen auch soziale Merkmale beachten. Außerdem dürfen die Länder nicht mehr als 75 Mio. Einwohner haben. Der Status bringt den Ländern Begünstigungen ein, zum Beispiel bei der WTO[8], die sich für eine Liberalisierung des weltweiten Handels einsetzt und für die Schlichtung von Handelskonflikten zwischen den 153 Mitgliedern zuständig ist. Für

---

4 UNDP: United Nations Development Programme
5 OECD: Organisation für Wirtschaftliche Zusammenarbeit und Entwicklung
6 HDI: Human Development Index („Index der menschlichen Entwicklung")
7 http://de.wikipedia.org/wiki/Human_Development_Index, 20.2.2011)
8 WTO. World Trade Organisation (Welthandelsorganisation)

Entwicklungsländer gibt es eine Sonderregelung, die ihnen Vorteile und Erleichterungen verschaffen. Auch beim IWF[9] sind 78 unterentwickelte Länder berechtigt, Kredite zu besonderen Konditionen aufzunehmen.

4. Chancen und Gefahren der Globalisierung

4.1 Chancen

Die Globalisierung ist Schuld an der Finanzkrise, die Globalisierung ist Schuld an der Umweltverschmutzung, die Globalisierung ist Schuld an allem! Doch hat die internationale Verflechtung auch positive Seiten? Ja, denn es gibt viele Länder, die sich die Globalisierung zum Nutzen gemacht haben und so das Stadium eines Entwicklungslandes verlassen konnten. Darauf möchte ich hier näher eingehen.

Um das Phänomen allgemein beschreiben zu können, möchte ich den Begriff der „Schwellenländer" einführen. Unter dem Begriff werden jene Länder zusammengefasst, die nicht mehr die charakteristischen Merkmale eines Entwicklungslandes erkennen lassen. Unglücklicherweise gibt es auch hier keine offizielle Liste. Allerdings sind Russland, die Volksrepublik China, Südafrika, Brasilien und die Türkei oft genannte Beispiele. Anfangs wurde mit „Schwellenländer" die vier so genannten „Tigerstaaten" Südkorea, Taiwan[10], Singapur und Hongkong[11] bezeichnet.

Alle jene Länder zeichnen sich dadurch aus, dass sie eine dynamische Wirtschaft besitzen. Auf Grund von niedrigen Löhnen und lukrativen Standortfaktoren wurden von ausländischen Firmen viele Investitionen getätigt, die den Schwellenländern zu einem wirtschaftlichen Aufschwung verhalfen. So erreichen sie heutzutage Wachstumsraten, die teilweise sogar höher (besser) ausfallen als die der Industriestaaten. Diese ökonomische Aufwärtsentwicklung wurde oft mit dem Export von Fertigprodukten bewerkstelligt. Mittlerweile vollzieht sich bereits der Wandel von der Industrie- zur Dienstleistungsgesellschaft. Allerdings hat der Erfolg große Abhängigkeit von westlichen Ländern zur Folge.

Außerdem profitiert noch nicht die ganze Bevölkerung von dem Fortschritt. Mittlerweile sind Singapur (27.), Hongkong (21.) und Südkorea (12.) in der Gruppe

---

[9] IWF: Internationaler Währungsfonds
[10] Taiwan wird von der UN (Vereinten Nationen) nicht als souveräner Staat angesehen.
[11] Hongkong ist eine Sonderverwaltungszone der Volksrepublik China.

der „Sehr hoch entwickelten Länder" des HDI[12] gelistet und haben sich zu souveränen Staaten entwickelt.

Diese rasante Entwicklung könnte vielen Entwicklungsländern als Vorbild dienen, allerdings sind mehrere Voraussetzungen zu erfüllen. Auf diese werde ich im nächsten Unterpunkt „Probleme" eingehen.

4.2 Probleme und Gefahren

Die Globalisierung kann, wie an den vorherigen Beispielen gezeigt, unterentwickelten Ländern zu einem ökonomischen Aufschwung verhelfen. Allerdings gibt es hier einige Gegebenheiten, die vorher erfüllt oder umgesetzt werden müssen. Da die Globalisierung aber kein Ziel ist, welches erreicht werden kann, sondern ein Prozess, der vorteilhaft genutzt werden kann, fasse ich die einzelnen Punkte unter dem Oberbegriff „Probleme" zusammen.

Zu einer der größten Schwierigkeiten zählt der fehlende Kapitalstock. Folglich mangelt es in den Entwicklungsländern an der nötigen Finanzkraft, so dass die Staaten stark von ausländischen Investoren abhängig sind. Allerdings muss für diese erst einmal ein Anreiz bestehen in den Ländern Geld anzulegen. Um einen solchen Anreiz zu bieten, müssen sowohl billige Arbeitskräfte, als auch politische Stabilität und gut ausgebaute Verkehrs- und Kommunikationsnetze vorhanden sein.

Mittlerweile sind die Direktinvestitionen[13] in sich entwickelnde Staaten von 2002 180,5 Mrd. US-Dollar auf 2008 459,3 Mrd. US-Dollar gestiegen. Doch mit den Devisen steigt auch die Abhängigkeit vom Ausland. Der Rohstoffabbau wird zum Beispiel oftmals von großen Konzernen aus den Industriestaaten durchgeführt. Diese beuten häufig die armen Länder aus, so dass diese keinen sichtbaren Vorteil aus dem Abbau der Rohstoffe ziehen können. Auch Korruption spielt hier eine große Rolle.

Neben der nationalen Stabilität mangelt es auch an der Organisation der Entwicklungsländer untereinander. Mittlerweile haben sich zwar viele Entwicklungsländer zu regionalen Gruppen zusammengeschlossen, doch es fehlt den Mitgliedern am Willen zur Veränderung der politischen Strukturen hin zur Supranationalität[14]. Ein solcher Wandel könnte den Ländern mehr Macht zur

---

[12] (http://hdr.undp.org/en/statistics/, Abgerufen am 20.2.2011)
[13] Definition von Direktinvestition: „Kapitalexport durch Wirtschaftssubjekte eines Landes in ein anderes Land mit dem Ziel, dort Immobilien zu erwerben, Betriebsstätten oder Tochterunternehmen zu errichten, ausländische Unternehmen zu erwerben oder sich an ihnen mit einem Anteil zu beteiligen, der einen entscheidenden Einfluss auf die Unternehmenspolitik gewährleistet." (http://wirtschaftslexikon.gabler.de/Definition/direktinvestition.html, Abgerufen am 22.2.2011)
[14] Supranationalität: Die Umstrukturierung der (politischen) Verantwortung von nationaler Ebene auf

Durchsetzung ihrer Ziele auf internationaler Ebene einbringen. Ein weiterer Aspekt bezieht sich auf die Nachhaltigkeit der Wirtschaft. Viele Länder exportieren ausschließlich ein oder zwei Produkte (zum Beispiel Erdöl oder Kakao). Auf Grund dessen sind sie sehr anfällig für Krisen, Preisverfall und Lieferengpässe. Ein weiteres Problem ist die fehlende Bildung, da den Staaten so Führungskräfte und andere Fachkräfte aus dem eigenen Land verwehrt bleiben.

Zu den Gefahren zählt vor allem die Umweltbelastung, die durch die internationale Verflechtung und dem damit gestiegenen Warentransport entsteht. Außerdem schafft die Globalisierung einen neuen Reichtum, der besonders in bevölkerungsreichen Ländern wie Indien und China die Energienachfrage und den Schadstoffausstoß vervielfacht. Aber auch reine Spekulationen am globalen Finanzmarkt oder einzelne Krisen können die weltweite Wirtschaft in kürzester Zeit beeinträchtigen.

5. Ecuador

5.1 Geographie, Demographie und Geschichte

Ecuador ist eine Republik, die an der westlichen Küste des südamerikanischen Kontinentes liegt. Im Norden grenzt das Land an Kolumbien, im Osten und Süden an Peru und im Westen befindet sich der Pazifische Ozean. Zudem gehören die 1000 km westlich gelegenen Galapagos-Inseln zum Staatsgebiet. Die Fläche Ecuadors nimmt 80% der Fläche von Deutschland ein, aber nur 1,6% der Fläche von Südamerika. Trotz dieser geringen Größe bietet es eine enorme geografische Vielfalt. So findet man neben den flachen Küstengebieten und den Anden[15], in denen sich auf einem Hochplateau die Hauptstadt Quito befindet, auch im Osten des Landes ein Regenwaldgebiet. Zusätzlich stellen die Galapagos-Inseln auf Grund ihrer Einzigartigkeit eine vierte geografische Zone dar. Ecuador hat laut einer Volkszählung im Jahr 2011 des INEC[16] etwa 14,3 Mio. Einwohner, die zum größten Teil (95%[17]) der katholischen Kirche angehören. Das Durchschnittsalter beträgt 25,3 Jahre (Deutschland: 44,3 Jahre) und 31,1% sind jünger als 14 Jahre (Deutschland: 13,7%). Außerdem liegt die Lebenserwartung bei 75,52 Jahren und die Geburtenrate

---

eine höhere Ebene.

[15] Die Anden sind die längste Gebirgskette der Welt und erstrecken sich 7500 km von Norden nach Süden an der Westküste Südamerikas.

[16] INEC: instituto nacional de estadistica y censos (Nationales Institut für Statistik und Volkszählung)14.306.876 Einwohner

[17] https://www.cia.gov/library/publications/the-world-factbook/geos/ec.html, Abgerufen 27.2.2011

bei 2,46 Kinder pro Frau[18]. Die offizielle Sprache ist Spanisch, aber auch ein kleiner Teil der Bevölkerung, etwa 5%, spricht Quechua[19] (auch: Quichua oder Kichwa). Heutzutage leben viele Ecuadorianer als Migranten im Ausland. So leben offiziell fast 700.000 Ecuadorianer in den USA und etwa 500.000 in Spanien.

Bis zum 15. Jahrhundert existierten viele eigenständige Völker im heutigen Ecuador. Mitte des 15. Jahrhunderts annektieren die Inkas die südlichen Teile des Landes und 50 Jahre später auch die verbliebenen Gebiete. Doch schon kurze Zeit darauf eroberten die Spanier „Ecuador". 1563 wurde das Gebiet als „Real Audiencia de Quito" in das Vizekönigreich Peru[20] eingegliedert.

Am 10. August 1809[21] kam es zu einer Rebellion der Elite von Quito, die zu der ersten Unabhängigkeit in Südamerika führte. Diese wurde allerdings kurz darauf später von den Spaniern niedergeschlagen und die Gebiete wieder untergeordnet. Allerdings erreichten nach und nach andere Teile Südamerikas die Unabhängigkeit. Infolgedessen wurden die spanischen Truppen von den Patrioten unter Führung von Antonio José de Sucre am 24. Mai 1822 geschlagen und Ecuador gehörte für die nächsten 8 Jahre mit Kolumbien, Venezuela und Panama zu Großkolumbien. Nach dem Zerfall Großkolumbiens im Jahre 1830 wurde die Republik Ecuador gegründet. Danach folgte eine von Putschen und kleinen Bürgerkriegen geprägte Zeit. Durch mehrere Kriege, zuletzt 1995-1998 mit Peru, verlor Ecuador mehr als die Hälfte seines Gebietes an Peru und Kolumbien. Im Jahr 2000 wurde der US-Dollar eingeführt. Seit Anfang 2007 ist Rafael Correa Staatspräsident des Landes. Er verfolgt eine sozialistische Politik, die sich dadurch zeigt, dass er zum Beispiel Erdölkonzerne verstaatlicht und Sozialreformen durchführt.

So hat er eine monatliche Unterstützung der Ärmsten eingeführt und auch der Bau von Häusern wird staatlich unterstützt. So verringerte sich seit seinem Amtsantritt die Zahl der in Armut lebenden Personen laut INEC[22] von 37,60% im Dezember 2006 auf 33,01% im Juni 2010. Auf dem Land konnte die Rate in der selben Zeit um fast 8% gesenkt werden.

Im Jahr 2008 gründeten Ecuador und 11 weitere südamerikanische Staaten nach dem Beispiel der EU[23] die „Union Südamerikanischer Nationen" (Unasur).

---

[18] CIA World Factbook
[19] Quechua wird von ca. 10 Mio. Menschen gesprochen und ist vor allem im Westen Südamerikas verbreitet.
[20] Das Vizekönigreich Peru war eine Kolonie von Spanien und hat zeitweise eine Ausdehnung über weite Teile Südamerika.
[21] Heutiger Nationalfeiertag (Unabhängigkeitstag)
[22] INEC: instituto nacional de estadistica y censos (Nationales Institut für Statistik und Volkszählung) (http://www.inec.gob.ec/c/document_library/get_file?folderId=1271437&name=DLFE-40902.pdf, 2010)
[23] EU: „Die Europäische Union steht für gemeinsame Grundwerte, auf denen die europäischen Gesellschaften aufbauen. […] [Die Leitlinien sind] etwa das Streben nach Achtung der

Ecuador wird zu den Entwicklungsländern gezählt, allerdings wird es von einigen „Organisationen" auch als Schwellenland aufgeführt. So belegt das Land im HDR von 2010 den 77. Platz[2425] und liegt somit vor Ländern wie Türkei, China oder Südafrika. Ecuador wird von der eigenen Bevölkerung zumeist als „país del tercer mundo" (Dritte-Welt-Land) bezeichnet.

5.2 Amazonasgebiet

Das Amazonasgebiet von Ecuador umfasst annähernd 120.000 km² und wird auch als „Oriente" („Orient, Osten") bezeichnet. Anfang der 50er Jahre verlor Ecuador einen sehr großen Teil des Amazonasgebietes (ca. 200.000 km²) an Peru und somit auch den Zugang zum Fluss Amazonas. Allerdings münden alle Flüsse östlich der Anden im Amazonas. Nur 5% der landesweiten Bevölkerung leben im Amazonasgebiet. Diese unterteilen sich in viele verschiedene kleine Völker, die sich wiederum in kleine Gemeinschaften gliedern. Die Bewohner des Regenwaldes leben zum größten Teil von der eigenen Ernte, der Jagd und dem Fischen. Die „indígenas" (Eingeborenen) sprechen, je nach Zugehörigkeit, neben dem im Regenwald verbreiteten Quechua, ihre eigene Sprache und besitzen eigene Bräuche und Lebensweisen. Einige sprechen nicht die spanische Sprache und besuchen auch sehr selten kleinere Städte, da sie mehrere Tagesreisen auf sich nehmen müssten.

Das Amazonasgebiet ist vom Regenwald bedeckt und besitzt eine große Biodiversität und Artenvielfalt. Diese werden allerdings durch große Vorkommen von Erdöl und anderen Bodenschätzen und dessen Förderung bedroht.

6. Globalisierung im Amazonasgebiet

6.1 Beispiel Yachana

An den Flüssen im Amazonasgebiet haben sich in den letzten Jahrzehnten viele „Hotels" angesiedelt, die sich meistens als „Lodge" (Hütte, Herberge) bezeichnen. Diese Lodges werben oft mit dem Begriff „Ecotourismo" (Ökotourismus). Die

Menschenwürde, Demokratie, Chancengleichheit sowie freiem Handel, fairem Wettbewerb, Solidarität und Sicherheit." (http://ec.europa.eu/deutschland/understanding/goals/index_de.htm, Abgerufen am 23.2.2011)
[24] http://hdr.undp.org/en/statistics/, Abgerufen am 26.2.2011
[25] Dieser gute HDI-Wert kommt allerdings nur auf Grund des Gesundheitswertes zustande. Hier liegt Ecuador fast gleichauf mit Ländern wie Polen. Hierzu siehe [24]

Unterkünfte, die häufig nur mit dem Boot erreichbar sind, sind sehr einfach gestaltet und es wird kein großer Luxus geboten. Es wird sogar teilweise damit geworben, dass es keinen Pool gibt. Tagsüber gibt es verschiedene Ausflüge und es wird den Besuchern die Tier- und Pflanzenwelt näher gebracht. Ich habe Anfang Februar 2010 selber eine solche Lodge besucht. Diese hat neben dem Tourismus noch weitere Projekte ins Leben gerufen, die meiner Meinung nach ein gutes Beispiel für die Globalisierung darstellen. Der folgende Text stellt meine eigenen Erfahrungen und Ansichten dar.

Die Lodge, die ich im Folgenden beschreiben werde, nennt sich Yachana („Platz des Lernens") und befindet sich drei Stunden mit dem Boot von der letzten Stadt entfernt. Die Gemeinde Mondaña befindet sich allerdings nur wenige Minuten zu Fuß entfernt.

Im Jahre 1991 wurde die Stiftung Yachana mit dem Ziel der „Nachhaltigkeit durch Bildung" von dem US-Amerikaner Douglas McMeekin gegründet. Vier Jahre später wurde die Herberge eröffnet, um erstmals auch Touristen aufnehmen zu können. Zwei weitere Jahre später folgte die Mondaña Medical Clinic. Im Jahre 2005 wurde die Technische[26] Hochschule Yachana gegründet. Im Folgenden möchte ich diese drei Projekte im Bezug auf die Globalisierung beschreiben.

Das „Hotel" ist der größte Arbeitgeber in der Umgebung. So arbeiten viele Einheimische als Touristenführer, Köche, Servicepersonal, Gärtner oder „Kapitäne". Viele Angestellte haben zuvor die weiterführende Schule Yachana besucht und stammen selber aus den benachbarten Dörfern und sind so mit der Umgebung vertraut. Neben den bereits oben genannten Aktivitäten werden auch Ausflüge zu anderen Gemeinden unternommen, die auf diese Weise eingebunden werden. Außerdem werden auch Souvenirs aus den umliegenden Gemeinschaften verkauft. Es gibt die Möglichkeit den Schülern der nahe gelegenen Schule bei handwerklichen Arbeiten zu helfen. Schon jetzt ist sichtbar, dass das Projekt große Veränderungen für die Menschen mit sich bringt und es stellt sich die Frage, ob dies überhaupt von den Einwohnern erwünscht wird. Allerdings ist hier auf die geringe Lebenserwartung der „indígenas" zu verweisen. Auch der schlechte Zugang zu grundlegenden Gütern sind Gründe für die bereits eingetretene Urbanisierung. Vor allem junge Männer zieht es aus Zukunftsängsten in die Städte. Um die medizinische Versorgung zu verbessern, wurde bereits 1997 eine medizinische Klinik gegründet. Sie ist die einzige Anlaufstelle in der Umgebung, die für die ärztliche Versorgung im europäischen Sinne eine Rolle spielt. Von hier aus wird auch die Betreuung von Kranken, durch

---

[26] „Technisch"(tecnológico, técnico) ist eine in Ecuador benutzte Beschreibung für Schulen, die aber meistens nichts mit einer Spezialisierung der Schule zu tun hat.

Fahrten in entferntere Gebiete, realisiert. Zusätzlich wurde ein von der Regierung gebautes Geburtshaus eröffnet, um die hohe Mortalität zu verringern. Ein weiteres Projekt, das sich um die Zukunft der jungen Bewohner kümmert, ist die Technische Hochschule Yachana. Neben der schulischen Ausbildung ist es ein Ziel, die Schüler mit den Bereichen Tierzucht, Nachhaltige Landwirtschaft, Ökotourismus, Entwicklung von Kleinbetrieben, Gärtnerei, Wartungsarbeiten und Recycling vertraut zu machen. Hierzu arbeiten die Schüler zeitweise in einem der sieben Bereichen. Die über 200 Schüler leben etwa drei Wochen in der Schule (Internat) und kehren danach für die selbe Zeit zu ihren Familien zurück, um das Wissen weiterzugeben. Die Schüler sprechen neben den Sprachen Quechua und Spanisch auch ein vergleichsweise sehr gutes Englisch und teilweise auch etwas Französisch, was auch von der guten Schulausbildung zeugt. Zudem werden die Jugendlichen hinsichtlich dem Schutz der Umwelt geschult. Ein weiteres Ziel ist es, die Schüler mit den Medien der modernen Welt vertraut zu machen. So wurde die Schule mit Internet (über Satelliten) ausgerüstet und es wurden stromsparende Computer[27] von Yachana entwickelt. Der Strom wird durch Photovoltaikanlagen[28] und ein Wasserkraftwerk produziert.

Mit diesen Maßnahmen wird versucht, dass die Einwohner nicht Opfer der Globalisierung werden. Stattdessen sollen sie Vorteile aus dem Regenwald ziehen, ohne diesen zu schädigen. Um dies zu erreichen, braucht man eine aufgeklärte Bevölkerung, da Bildung eine zentrale Position in der Globalisierung besitzt. Den Regenwald zu schützen ist auch Ziel einer anderen Initiative, die schon weltweit für Aufregung gesorgt hat.

6.2 Globalisierung – ein Gegner des Umweltschutzes?

Der Nationalpark Yasuní liegt im Amazonasgebiet von Ecuador und gehört zu den Orten mit der größten Biodiversität weltweit. Allein auf einem Hektar befinden sich 665 einheimische Baum- und Buscharten, mehr als ganz Nordamerika aufweisen kann. Allerdings befinden sich in dem Nationalpark auch unterirdische Erdölressourcen, die auf etwa 846 Millionen Barrel geschätzt werden[29]. Um verschiedene ansässige Völkerstämme und die Natur zu schützen, wurde 2007 von der indigenen Bevölkerung und der ecuadorianischen Regierung eine einzigartige

---

[27] Diese Computer verbrauchen laut Yachana nur 8 Watt. Aktuelle Computer verbrauchen mehr als 100 Watt.
[28] Eine Photovoltaikanlage kann einen Teil der Sonnenstrahlen in elektrische Energie umwandeln.
[29] http://mdtf.undp.org/yasuni, Abgerufen am 20.2.2011

Initiative gestartet. Diese sieht vor das Erdöl nicht zu fördern, verlangt aber im Gegenzug von der internationalen Gemeinschaft 50% des entgangenen Gewinns. Dies bedeutet, dass Ecuador 3.6 Milliarden US-Dollar (ca. 2.6 Mrd. € (2.3.2011)) innerhalb von 13 Jahren in Form eines im August 2010 von der UNO[29],[30] unterschriebenen Treuhandfonds erhält. Das Geld soll der sozialen Entwicklung des Landes zu Gute kommen. Zurzeit werden mögliche Geldgeberländer gesucht. Somit gilt das Projekt noch nicht als abgeschlossen und es kann immer noch zu der Förderung des Erdöls kommen. Dies gilt im Falle des Scheiterns der Initiative als unvermeidbar, da Ecuador auf die finanziellen Geldmittel angewiesen ist.

---

[30] UNO: United Nations Organization (Organisation der Vereinten Nationen)

7. Fazit

Mit der Unabhängigkeit vieler ehemaliger Kolonien endete weitestgehend die politische Bevormundung der heutigen Entwicklungsländer durch die Industriestaaten. Viele Staaten werden von Diktatoren oder korrupten Regierungen beherrscht. Die Menschen leben in Armut und arbeiten für wenig Geld am Fließband von ausländischen Firmen. Doch es muss nicht so sein. Ecuador hat sich einen Weg gesucht, der Abhängigkeit zu entfliehen. Die Wertschöpfung soll in der Zukunft im eigenen Land stattfinden. Aus dem Grund werden vor allem nationale Firmen gestärkt. Doch dies schreckt ausländische Investoren ab, die auf Grund des fehlenden Kapitalstocks wichtig wären. Aber ich denke, dass Ecuador mit Hilfe der Globalisierung eine nachhaltige Entwicklung erreichen kann. Ein gutes Beispiel stellt die Initiative Yachana dar. Alle wesentlichen Voraussetzungen für eine nachhaltige Entwicklung werden in dem Projekt erfüllt. So können die Ziele Bildung, Schonung der Ressourcen und Umweltbewusstsein, Eigenständigkeit und Mobilisierung der eigenen Bevölkerung auch auf ganz Ecuador übertragen werden. Ob dies gelingt, wird sich in der Zukunft zeigen.

8. Anhang

8.1 Fotos

Der Fluss Napo

Das Dorf Mondaña

Die Technische Hochschule

Die medizinische Klinik

Quelle: Eigene Aufnahmen

Einheimische auf dem einzigen
Transportweg: dem Fluss

8.2 Grafiken

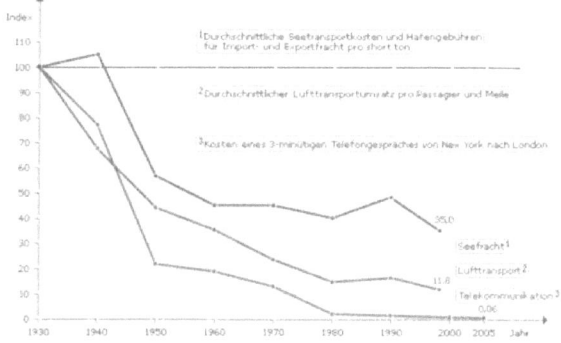

Transport- und Kommunikationskosten

Index (1930 = 100), in konstanten Preisen, 1930 bis 2005

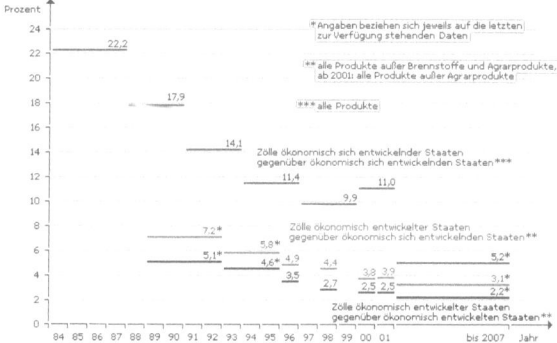

Handelsgewichtete Zollbelastungen

In Prozent, nach dem Meistbegünstigungsprinzip, seit 1980, Stand: 2008

9. Literaturverzeichnis

BUNDESZENTRALE FÜR POLITISCHE BILDUNG (2005): Informationen zur politischen Bildung Nr. 259/2005. Entwicklung und Entwicklungspolitik. 1. Auflage. bpb: Bonn

BUNDESZENTRALE FÜR POLITISCHE BILDUNG (2008): Informationen zur politischen Bildung Nr. 300/2005. Lateinamerika. 1. Auflage. bpb: Bonn

http://www.cia.gov (22.2.2011). Central Intelligence Agency, Ecuador.
https://www.cia.gov/library/publications/the-world-factbook/geos/ec.html (englisch)

http://de.wikipedia.org:
http://de.wikipedia.org/wiki/Yasuní-ITT-Initiative (28.2.2011)
http://de.wikipedia.org/wiki/Ecuador (24.2.2011)
http://de.wikipedia.org/wiki/Globalisierung (15.2.2011)
http://de.wikipedia.org/wiki/Nationalpark_Yasuní (28.2.2011)
http://de.wikipedia.org/wiki/Vereinte_Nationen (25.2.2011)

http://www.diepresse.com (1.3.2011). RIECHER, Stefan: Ecuador brummt Ölmulti Chevron Rekordstrafe auf. In: Die Presse, 16.2.2011.
http://diepresse.com/home/panorama/welt/634406/Ecuador-brummt-Oelmulti-Chevron-Rekordstrafe-auf

http://en.wikipedia.org: (englisch)
http://en.wikipedia.org/wiki/Religion_in_Ecuador (29.2.2011)
http://en.wikipedia.org/wiki/Globalization (15.2.2011)

http://es.wikipedia.org: (spanisch)
http://es.wikipedia.org/wiki/Región_Amazónica_del_Ecuador (25.2.2011)
http://es.wikipedia.org/wiki/Ecuador (24.2.2011)
http://es.wikipedia.org/wiki/Rafael_Correa (24.2.2011)

http://humonde.de (20.2.2011). VON LÜPKE, Geseko / SHIVA, Vandana, Alles Globale hat lokale Wurzeln.
http://www.humonde.de/artikel/10002

http://www.inec.gob.ec/web/guest/inicio (spanisch) (20.2.2011)

http://mdtf.undp.org (englisch) (20.2.2011). Ecuador Yasuni ITT Trust Fund.
http://mdtf.undp.org/yasuni

http://www.laender-lexikon.de (15.2.2011). Länder-Lexikon, Ecuador.
http://www.laender-lexikon.de/Ecuador

http://liportal.inwent.org (1.3.2011). SALINAS-DOSCH, Ana Lucía, Ecuador – Wirtschaft und Entwicklung.
http://liportal.inwent.org/ecuador/wirtschaft-entwicklung.html#c11585

http://www.spiegel.de (28.2.2011). Gericht verurteilt Chevron zu Milliardenstrafe.
http://www.spiegel.de/wirtschaft/unternehmen/0,1518,745564,00.html

http://www.spiegel.de (28.2.2011). Chevron kämpft gegen höchste Umweltstrafe
aller Zeiten.
http://www.spiegel.de/wirtschaft/soziales/0,1518,745596,00.html

http://www.yachana.org.ec (10.2.2011)